「d - book」
偏微分方程式とその解き方

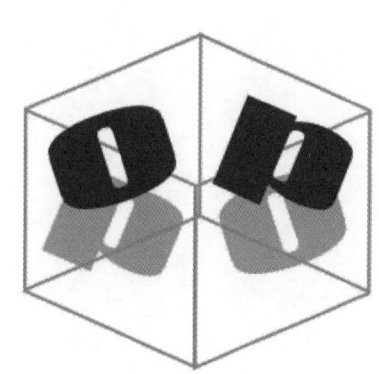

田中　久四郎　著

denkishoin online

[BOOKS | BOARD | MEMBERS | LINK]

電気工学
の
知識ベース

http：//euclid.d-book.co.jp/

電 気 書 院

目　次

1　偏微分方程式

1・1　偏微分方程式とその意義 ……………………………………… 1

1・2　1階1次偏微分方程式の解き方 ……………………………… 1

1・3　1階高次偏微分方程式の解き方 ……………………………… 5

1・4　2階偏微分方程式の解き方 …………………………………… 8

2　演算子法による微分方程式の解き方

2・1　ヘビサイドの展開定理とその適用 …………………………… 10

2・2　インピーダンス関数とその用い方 …………………………… 15

3　偏微分方程式とその解き方の要点

(1)　偏微分方程式とは ……………………………………………… 18

(2)　1階1次偏微分方程式の解 …………………………………… 18

(3)　1階高次偏微分方程式の解 …………………………………… 18

4　演算子法の要点

(1)　ヘビサイドの展開定理 ………………………………………… 19

(2)　インピーダンス関数 …………………………………………… 19

5　偏微分方程式の演習問題　　　　　　　　　　　　　　　21

演習問題の解答 …………………………………………………… 22

6　演算子法の演習問題　　　　　　　　　　　　　　　　　23

演習問題の解答 …………………………………………………… 27

1 偏微分方程式

1·1 偏微分方程式とその意義

常微分方程式では変数は x だけであったから，その方程式は dy/dx や d^2y/dx^2 など
の常微分係数によって構成されていた．ところが変数が二つ以上になると偏微分係

偏微分方程式 数 $\partial z/\partial x$，$\partial z/\partial y$，$\partial^2 z/\partial x^2$，$\partial^2 z/\partial y^2$ などをふくむようになる．これを**偏微分方程
式**（Partial differential equation）といい，常微分方程式の場合と同様に式中にある最
高次の偏微分係数の次数によって何階の偏微分方程式と称し，未知数およびその偏
微分係数について1次の式からなるものを線形であるという．

二つの変数からなる関数 $z=f(x, y)$ において，$\partial z/\partial x$ や $\partial z/\partial y$ は曲面 $z=f(x, y)$
の接平面の方向をあらわしていて，常微分方程式が平面上における方向線素を与え

方向面素 たのと同様に偏微分方程式は空間における**方向面素**（Surface element）—— 空間の
ある点で与えられた偏微分方程式を満足させるX軸，Y軸に対しある傾きをもった微
小平面 —— を与えている．たとえば，1階偏微分方程式は $x,\ y,\ z$ と $\dfrac{\partial z}{\partial x}$，$\dfrac{\partial z}{\partial y}$ との
関係を与えるので空間に散布された無限の方向面素をあらわしていて，これに初期
条件を与えると，常微分方程式の場合と同様に一つの曲面が自から対応してくる．

1·2 1階1次偏微分方程式の解き方

偏微分方程式のうちでもっとも簡単なのが1階1次の場合で，その一般的な形は

$$P(x, y, z)\frac{\partial z}{\partial x}+Q(x, y, z)\frac{\partial z}{\partial y}=R(x, y, z) \tag{1·1}$$

であるが，これを略して次のように書くこともできる

$$Pp+Qq=R \tag{1·2}$$

ただし，$P,\ Q$ は $x,\ y,\ z$ の任意の関数であり，

$$p=\frac{\partial z}{\partial x}, \quad q=\frac{\partial z}{\partial y} \quad \text{をあらわす．}$$

この偏微分方程式の解は次のようにして求められる．いま，

$$\frac{dx}{P}=\frac{dy}{Q}=\frac{dz}{R} \tag{1·3}$$

$-1-$

なる常微分方程式の解を

$$f(x,\ y,\ z)=k_1,\quad g(x,\ y,\ z)=k_2 \tag{$1\cdot4$}$$

ただし，$k_1,\ k_2$ は積分定数

とすると，$(1\cdot2)$式の一般解は

$$f(x,\ y,\ z)=F\{g(x,\ y,\ z)\}\quad \text{または}\quad F\{\phi(x,\ y,\ z),\ g(x,\ y,\ z)\}=0 \tag{$1\cdot5$}$$

によって与えられる．ただし，F や ϕ は任意の関数をあらわしている．

例えば，

$$x\frac{\partial z}{\partial x}+y\frac{\partial z}{\partial y}=z \tag{1}$$

の一般解を求めるのに，上記の $P=x,\ Q=y,\ R=z$ になるので $(1\cdot3)$式は

$$\frac{dx}{x}=\frac{dy}{y}=\frac{dz}{z} \tag{2}$$

となり，この解を求めるために，まず $\dfrac{dx}{x}=\dfrac{dy}{y}$ をとって両辺を積分すると

$$\log x=\log y+k' \ (\text{ただし，} k' \text{は積分定数}),$$

$$\log x-\log y=\log\frac{x}{y}=k',\quad \frac{x}{y}=\varepsilon^{k'}=k_1$$

同様に $\dfrac{dy}{y}=\dfrac{dz}{z}$ をとって両辺を積分すると $\dfrac{y}{z}=k_2$ なる関係をうる．この

$$\frac{x}{y}=k_1,\quad \frac{y}{z}=k_2 \tag{3}$$

が上記の $(1\cdot4)$式に相当するので，$(1\cdot5)$式は

$$\frac{x}{y}=F\left(\frac{y}{z}\right),\quad \text{または}\quad \phi\left(\frac{x}{y},\ \frac{y}{z}\right)=0 \tag{4}$$

となり，これが(1)式の一般解で，$F\left(\dfrac{y}{z}\right)$ は $\dfrac{y}{z}$ に関する任意の関数を，$\phi\left(\dfrac{x}{y},\ \dfrac{y}{z}\right)$ は $\dfrac{x}{y},\ \dfrac{y}{z}$ に関する任意の形の関数をそれぞれあらわしている．

次に $(1\cdot2)$式

$$Pp+Qq=R \tag{1}$$

の一般解として $(1\cdot5)$式の正しいことを証明しよう．

いま，(1)式を満足させる解の一つを

$$\psi(x,\ y,\ z)=0 \tag{2}$$

と仮定し，これを偏微分すると

$$\frac{\partial \psi}{\partial x}+\frac{\partial \psi}{\partial z}\frac{\partial z}{\partial x}=0$$

$$\frac{\partial \psi}{\partial y}+\frac{\partial \psi}{\partial z}\frac{\partial z}{\partial y}=0$$

すなわち

$$\psi_x+\psi_z p=0 \tag{3}$$

1·2　1階1次偏微分方程式の解き方

$$\psi_y + \psi_z q = 0 \tag{4}$$

これより

$$p = -\frac{\psi_x}{\psi_z}, \quad q = -\frac{\psi_y}{\psi_z} \tag{5}$$

この p, q の値を(1)式に代入すると

$$P\left(-\frac{\psi_x}{\psi_z}\right) + Q\left(-\frac{\psi_y}{\psi_z}\right) = R \tag{6}$$

$$P\psi_x + Q\psi_y + R\psi_z = 0 \tag{7}$$

となる．これを逆に考えて，この(7)式を満足する x, y, z の関係(2)式があるものとすると，(7)式を書きかえて(6)式の等式を作り，また(2)式を偏微分して(5)式がえられるので，これを(6)式に代入してもとの偏微分方程式(1)式がえられる．したがって，この(7)式の条件は(2)式が(1)式の解となることの必要にして十分な条件になる．

全微分　また，(2)式を全微分すると

$$\psi_x dx + \psi_y dy + \psi_z dz = 0 \tag{8}$$

がえられる．この(7)式と(8)式が x, y, z, したがって，ψ_x, ψ_y, ψ_z のどのような値に対しても成立するためには

$$\frac{dx}{P} = \frac{dy}{Q} = \frac{dz}{R} \tag{9}$$

が成立せねばならない．何故なら，この値を c とおくと $dx = Pc$, $dy = Qc$, $dz = Rc$ になり，これを(8)式に代入して両辺を c で除すると(7)式になる．また，逆にこの(9)式を満足する一つの解を $f(x, y, z) = k_1$ とすると，これを全微分して

$$f_x dx + f_y dy + f_z dz = 0$$

になり，これと(9)式から

$$Pf_x + Qf_y + Rf_z = 0 \tag{10}$$

をうる．これは(7)式の形であるから $f(x, y, z) = k_1$ は(1)式を満足する．

これと同様に(9)式を満足させる他の一つの解を $g(x, y, z) = k_2$ とすると，これを全微分したものと(9)式より

$$Pg_x + Qg_y + Rg_z = 0 \tag{11}$$

そこで，$f(x, y, z) = u$, $g(x, y, z) = v$ として任意の関数 $\phi(u, v)$ を作ると

$$\phi_x = \frac{\partial\phi}{\partial x} = \phi_u \frac{\partial u}{\partial x} + \phi_v \frac{\partial v}{\partial x} = \phi_u f_x + \phi_v g_x$$

ただし，$\dfrac{\partial u}{\partial x} = \dfrac{\partial f}{\partial x} = f_x$, $\dfrac{\partial v}{\partial x} = \dfrac{\partial g}{\partial x} = g_x$

同様に

$$\phi_y = \phi_u f_y + \phi_v g_y, \quad \phi_z = \phi_u f_z + \phi_v g_z \tag{12}$$

がえられる．

また，(10)式 $\times \phi_u$ + (11)式 $\times \phi_v$ を作ると

$$P(\phi_u f_x + \phi_v g_x) + Q(\phi_u f_y + \phi_v g_y) + R(\phi_u f_z + \phi_v g_z) = 0$$

となり，これらの（　）内に(12)式の関係を用いると

$$-3-$$

$$P\phi_x + Q\phi_y + R\phi_z = 0 \tag{13}$$

となり，これは(7)式の形であるから $\phi(u, v) = \phi\{f(x, y, z), g(x, y, z)\}$ は原方程式(1)式を満足させる.

次に例題について上記を演習しよう.

〔例 1〕 $x\dfrac{\partial z}{\partial x} - y\dfrac{\partial z}{\partial y} = x - y$ の一般解を求める.

偏微分方程式 $(1 \cdot 1)$ 式と比較すると $P = x,\ Q = -y,\ R = x - y$ になるので $(1 \cdot 3)$ 式は

$$\frac{dx}{x} = \frac{dy}{-y} = \frac{dz}{x - y} \tag{1}$$

まず最初の2項をとると $\dfrac{dx}{x} = \dfrac{dy}{-y}$ ，この両辺を積分すると

$$\log x = -\log y + k', \quad \log x + \log y = \log xy = k'$$

$$xy = \varepsilon^{k'} = k_1 \tag{2}$$

いま，(1)式の値を c とおくと

$$dx = cx, \quad dy = -cy, \quad dz = cx - cy$$

$$\therefore \quad dx + dy - dz = cx - cy - cx + cy = 0$$

これを積分すると

$$x + y - z = k_2 \tag{3}$$

これらの(2)，(3)式が $(1 \cdot 4)$ 式に一致するので，与えられた偏微分方程式の一般解は $(1 \cdot 5)$ 式より

$$xy = F(x + y - z) \quad \text{または} \quad \phi(xy,\ x + y - z) = 0$$

によって与えられる.

〔例 2〕 $\left(x\dfrac{\partial z}{\partial x} + y\dfrac{\partial z}{\partial y}\right)z = xy$ の一般解を求める.

与えられた原方程式は

$$xz\frac{\partial z}{\partial x} + yz\frac{\partial z}{\partial y} = xy$$

と書きかえられるので，これを $(1 \cdot 1)$ 式と比較すると $P = xz,\ Q = yz,\ R = xy$ になるので，$(1 \cdot 3)$ 式は

$$\frac{dx}{xz} = \frac{dy}{yz} = \frac{dz}{xy}$$

となり，最初の2項をとると $\dfrac{1}{x}dx = \dfrac{1}{y}dy$ になり，両辺の積分をとると

$$\log x = \log y + k' \quad \text{より} \quad \frac{x}{y} = k_1 \tag{1}$$

この(1)式より $x = k_1 y$ の関係をうる.

次に最後の2項をとると

—4—

$$\frac{1}{z}dy = \frac{1}{x}dz, \quad xdy = zdz, \quad k_1 ydy = zdz$$

この両辺の積分をとると　$\dfrac{1}{2}k_1 y^2 = \dfrac{1}{2}z^2 + k'$

$$k_1 y^2 = k_1 y \times y = xy = z^2 + 2k' = z^2 + k_2$$

$$\therefore \quad xy - z^2 = k_2 \tag{2}$$

この(1), (2)式が(1·4)式に一致するので，与えられた偏微分方程式の一般解は(1·5)式より

$$\frac{x}{y} = F(xy - z^2) \quad \text{または} \quad \phi\left(\frac{x}{y}, \ xy - z^2\right) = 0$$

によって与えられる．

〔例 3〕　$(x-y)\left(\dfrac{\partial z}{\partial x} + \dfrac{\partial z}{\partial y}\right) = z$　の一般解を求める．

これを$(1·1)$式と比較すると，$P = Q = x - y$, $R = z$となるので，$(1·3)$式は

$$\frac{dx}{x-y} = \frac{dy}{x-y} = \frac{dz}{z}$$

初めの二つから　　$dx = dy, \quad dx - dy = 0$

この両辺を積分して，$x - y = k_1$ \tag{1}

これと $\dfrac{dx}{x-y} = \dfrac{dz}{z}$ より $\dfrac{dx}{k_1} = \dfrac{dz}{z}$ となり

この両辺の積分をとると $\dfrac{1}{k_1}x = \dfrac{x}{x-y} = \log z + k_2$

したがって，$\dfrac{x}{x-y} - \log z = k_2$ \tag{2}

となるので，その一般解は$(1·5)$式より

$$x - y = F\left(\frac{x}{x-y} - \log z\right) \quad \text{または} \quad \phi\left(x - y, \ \frac{x}{x-y} - \log z\right) = 0$$

というように求められる．

1·3　1階高次偏微分方程式の解き方

次に，この場合の代表的な例をあげて，その解き方を完全解について示そう．たとえば

$$z = x\frac{\partial z}{\partial x} + y\frac{\partial z}{\partial y} + \frac{\partial z}{\partial x} \cdot \frac{\partial z}{\partial y} \tag{1·6}$$

の解を　$z = ax + by + ab$ \tag{1·7}

$-5-$

1 偏微分方程式

とおくと，$\dfrac{\partial z}{\partial x}=a$ となり $\dfrac{\partial z}{\partial y}=b$，これらを $(1\cdot7)$ 式の a，b および ab に代入すると $(1\cdot6)$ 式に一致するので，$(1\cdot7)$ 式は $(1\cdot6)$ 式の解である．このように二つの積分

完全解　定数をふくむ解を **完全解**（Complete solution）という．また

$$\frac{\partial z}{\partial y}=f\left(\frac{\partial z}{\partial x}\right) \tag{1·8}$$

の完全解は　$z=ax+f(a)\,y+b$　の形で与えられる． $\tag{1·9}$

たとえば

$$\frac{\partial z}{\partial y}=1+\left(\frac{\partial z}{\partial x}\right)^2 \tag{1}$$

に対する完全解は　$z=ax+(1+a^2)\,y+b$ によって与えられる． $\tag{2}$

何故なら(2)式を x について偏微分すると $\dfrac{\partial z}{\partial x}=a$ になり，ついで y について偏微分して，この関係を入れると

$$\frac{\partial z}{\partial y}=1+a^2=1+\left(\frac{\partial z}{\partial x}\right)^2$$

になって，(1)式を満足させる．なお，

$$\left(\frac{\partial z}{\partial x}\right)^2+\left(\frac{\partial z}{\partial y}\right)^2=1 \tag{1}$$

の完全解は　$z=ax+\sqrt{1-a^2}\,y+b$ になる． $\tag{2}$

何故なら，これは(2)式を x および y について偏微分すると，$\dfrac{\partial z}{\partial x}=a$ ，$\dfrac{\partial z}{\partial y}=\sqrt{1-a^2}$ となり，これを(1)式に代入すると

$$a^2+\left(\sqrt{1-a^2}\,\right)^2=a^2+1-a^2=1$$

となって(1)式を満足させる．また，

$$F\left(\frac{\partial z}{\partial x},\ \frac{\partial z}{\partial y}\right)=0 \tag{1·10}$$

に対しては，$\dfrac{\partial z}{\partial x}=\phi(a)$ とおくと，これを原式に代入して $\dfrac{\partial z}{\partial y}=\psi(a)$ がえられるので，その完全解は

$$z=x\phi(a)+y\psi(a)+b \tag{1·11}$$

になる．たとえば

$$\frac{\partial^2 z}{\partial x^2}+\frac{\partial^2 z}{\partial y^2}=4 \tag{1}$$

に対し，$p=2\cos\alpha$, $q=2\sin\alpha$，（ただし，α；任意の定数）とおくと原式を満足させる．

　この二つを積分して $z=2x\cos\alpha+f(y)$, $z=2y\sin\alpha+g(x)$

　(2)式から(1)式の完全解は

—6—

1・3　1階高次偏微分方程式の解き方

$$z = 2x\cos\alpha + 2y\sin\alpha + k \qquad k\,; 任意の定数$$

というようになる．また，

$$F\left(z, \frac{\partial z}{\partial x}, \frac{\partial z}{\partial y}\right) = 0 \tag{1・12}$$

の完全解は次の常微分方程式に帰着する．

$$F\left(z, \frac{dz}{dt}, a\frac{dz}{dt}\right) = 0 \tag{1・13}$$

たとえば，　$\dfrac{\partial z}{\partial x}\dfrac{\partial z}{\partial y} = z$

に対して，$z = f(x + ay) = f(t),\ t = x + ay$ とおき，これを偏微分すると

$$\frac{\partial z}{\partial x} = f'(t),\quad \frac{\partial z}{\partial y} = af'(t)\ \ になるので$$

$$a\{f'(t)\}^2 = \frac{\partial z}{\partial x}\cdot\frac{\partial z}{\partial y} = z,\quad a\left(\frac{dz}{dt}\right)^2 = z$$

$$\sqrt{a}\,\frac{dz}{dt} = \pm\sqrt{z}\ ,\quad \pm\frac{dz}{\sqrt{z}} = \frac{dt}{\sqrt{a}}$$

となるので，その両辺を積分すると

$$\pm 2\sqrt{z} = \frac{t}{\sqrt{a}} + k = \frac{x + ay}{\sqrt{a}} + k = \frac{x + ay + b}{\sqrt{a}}\ ,\quad b = k\sqrt{a}$$

ゆえに，完全解は $4az = (x + ay + b)^2$ になる．さらに

$$F\left(x, \frac{\partial z}{\partial x}\right) = G\left(y, \frac{\partial z}{\partial y}\right) \tag{1・14}$$

に対しては，この等しい両辺を任意の定数kとおくと，

$$F\left(x, \frac{\partial z}{\partial x}\right) = k\ \ および\ \ G\left(y, \frac{\partial z}{\partial y}\right) = k\ \ となるので，$$

$$\frac{\partial z}{\partial x} = f(x, k),\quad \frac{\partial z}{\partial y} = g(y, k)\ \ がえられるので，$$

これを積分した

$$z = \int f(x, c)dx + \int g(y, k)dy + c \tag{1・15}$$

がこの場合の完全解になる．たとえば

$$\frac{\partial z}{\partial x} - 3x^2 y\left(\frac{\partial z}{\partial y}\right)^3 = 1$$

を書きかえると　$\dfrac{\dfrac{\partial z}{\partial x} - 1}{3x^2} = y\left(\dfrac{\partial z}{\partial y}\right)^3$　となり

この両辺を定数kとおくと　$\dfrac{\partial z}{\partial x} - 1 = 3kx^2$，および　$y\left(\dfrac{\partial z}{\partial y}\right)^3 = k$

—7—

これらを書き直すと $\dfrac{\partial z}{\partial x} = 3kx^2 + 1$ および $\dfrac{\partial z}{\partial y} = \left(\dfrac{k}{y}\right)^{\frac{1}{3}}$

これらを積分すると $z = kx^3 + x + f(y)$, および $z = \dfrac{3}{2}k^{\frac{1}{3}}y^{\frac{2}{3}} + g(x)$

$$\therefore\quad z = kx^3 + x + \dfrac{3}{2}k^{\frac{1}{3}}y^{\frac{2}{3}} + b$$

ここで $k = (2a)^3$ とおくと

$$z = 8a^3x^3 + x + 3ay^{\frac{2}{3}} + b$$

これがこの場合の完全解になる.

1·4　2階偏微分方程式の解き方

2階偏微分方程式

　常微分方程式の解を床上で物をさぐることに比するなら偏微分方程式の解は部屋中で物をさぐることになり，その困難さは前者の何倍かになろう．特に**2階偏微分方程式**の解は付帯条件を与えないと無意味になることが多いので，ここでは1，2の例をあげて，その一端を示すにとどめた．たとえば，

$$\dfrac{\partial^2 z}{\partial x \partial y} = x + y$$

において，x，yについて微分してxとなる式は $\dfrac{x^2 y}{2}$ であり，y となる式は $\dfrac{y^2 x}{2}$ であるから

$$z = \dfrac{x^2 y + y^2 x}{2}$$

は一つの解になる．ここで $u = z - \dfrac{x^2 y + y^2 x}{2}$ とおくと

$$\dfrac{\partial^2 u}{\partial x \partial y} = \dfrac{\partial^2 z}{\partial x \partial y} - (x + y) = 0$$

になる．また，uについて考えると，$\dfrac{\partial u}{\partial y}$ はxで微分して0になるので，これはyのみの関数である．

　したがって，$\dfrac{\partial u}{\partial y} = f(y)$,　$u = \displaystyle\int f(y) dy$

　このときのyに関する積分はxを定数と見て行うので，積分定数はx の関数であってよい．$f(y)$ は任意の関数だからその積分も任意関数になり

$$u = F(y) + G(x)$$

となるので

$$z = u + \dfrac{x^2 y + y^2 x}{2} = G(x) + F(y) + \dfrac{x^2 y + y^2 x}{2}$$

－8－

がこの場合の一般解になる．また，

$$\frac{\partial^2 z}{\partial x^2}+\frac{\partial^2 z}{\partial y^2}=0$$

の解を求めるには，前例の $\dfrac{\partial^2 u}{\partial x \partial y}=0$ の形になるように導くと，前の解が用いられる．

そこで

$$X=ax+by, \quad Y=cx+dy$$

とおくと

$$\frac{\partial z}{\partial x}=\frac{\partial X}{\partial x}\frac{\partial z}{\partial X}+\frac{\partial Y}{\partial x}\cdot\frac{\partial z}{\partial Y}=a\frac{\partial z}{\partial X}+c\frac{\partial z}{\partial Y}$$

$$\frac{\partial^2 z}{\partial x^2}=a\left(a\frac{\partial^2 z}{\partial X^2}+c\frac{\partial^2 z}{\partial X\partial Y}\right)+c\left(a\frac{\partial^2 z}{\partial X\partial Y}+c\frac{\partial^2 z}{\partial Y^2}\right)$$

$$=a^2\frac{\partial^2 z}{\partial X^2}+2ac\frac{\partial^2 z}{\partial X\partial Y}+c^2\frac{\partial^2 z}{\partial Y^2}$$

同様にして $\quad\dfrac{\partial^2 z}{\partial y^2}=b^2\dfrac{\partial^2 z}{\partial X^2}+2bd\dfrac{\partial^2 z}{\partial X\partial Y}+d^2\dfrac{\partial^2 z}{\partial Y^2}$

以上を用いて

$$(a^2+b^2)\frac{\partial^2 z}{\partial X^2}+(2ac+2bd)\frac{\partial^2 z}{\partial X\partial Y}+(c^2+d^2)\frac{\partial^2 z}{\partial Y^2}=0$$

これが $\dfrac{\partial^2 z}{\partial X\partial Y}=0$ となるためには

$$a^2+b^2=0, \quad c^2+d^2=0, \quad ac+bd\neq 0$$

とならねばならない．そうなるためには $a=1,\ b=j,\ c=1,\ d=-j$ とする．

こうすると前例の u の解 $u=G(x)+F(y)$ の $x,\ y$ に，上記の $X,\ Y$ を入れると，この場合の解になる．すなわち

$$z=G(X)+F(Y)=G(x+jy)+F(x-jy)$$

がえられる．

2　演算子法による微分方程式の解き方

2·1　ヘビサイドの展開定理とその適用

演算子法　　**演算子法**（Operational calculus）はオリバー・ヘビサイド（Oliver Heaviside）が創始したものであるが，その証明はブロムイッチやカーソンによって与えられた．この方法によると微分方程式が全く機械的に解けるが，初期値に対する明確な認識がないと時として誤った結果を招来する．

まず，図2·1に示したような抵抗R，インダクタンスLの直列回路に直流電圧Eを

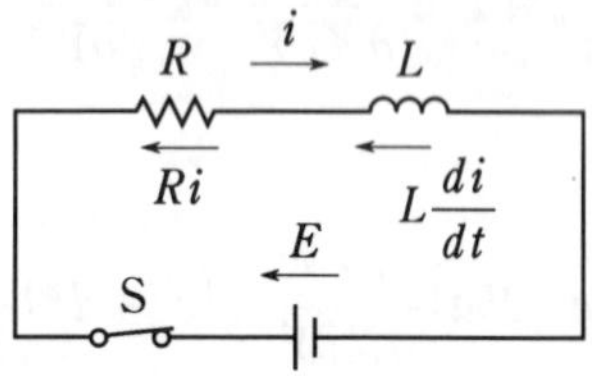

図2·1　$R-L$回路の過渡現象

加えた場合の微分方程式は，

$$L\frac{di}{dt} + Ri = E\mathbf{1} \tag{1}$$

ヘビサイドの　になるが，ここで$\dfrac{d}{dt}$をpなる記号でおきかえる．このpをヘビサイドの**演算子**
演算子　（Heaviside's operator）という．すなわち

$$(Lp + R)\,i = E\mathbf{1} \tag{2}$$

ヘビサイドの　と書く．この右辺の**1**はヘビサイドの**単位関数**（Unit function）といわれ，図2·2に
単位関数　示したように

$$\mathbf{1} = \begin{cases} 0, & t < 0 \\ 1, & t > 0 \end{cases} \tag{2·1}$$

を意味し，単位関数**1**は時間tの関数であって，$t < 0$（$t = -0$）では0であり，$t > 0$（$t = +0$）では一定値**1**になる．

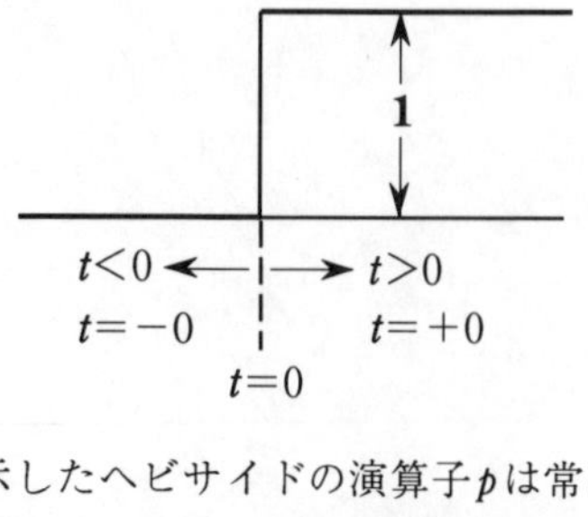

図2·2　単位関数

　　　注：　前に示したヘビサイドの演算子pは常にこの**1**のかかった関数に働くので，普通の微分演算子d/dtをこれと区別してDであらわすこともある．

$-10-$

2·1 ヘビサイドの展開定理とその適用

さて，上記の(2)式でpを普通の数のように考えて，その両辺を$(Lp+R)$で除すると

$$i = \frac{E}{Lp+R}\mathbf{1} \tag{3}$$

をうる．この左辺のiは電流の過渡値で時間tの関数だから，これを$f(t)$で示し，右辺はpの関数だから$F(p)$と書くと上式は

$$f(t) = F(p)\mathbf{1} \tag{4}$$

演算子方程式

**ヘビサイドの
展開定理**

であらわされる．このような式を**演算子方程式**（Operational equation）という．この演算子方程式を解く方法が**ヘビサイドの展開定理**（Heaviside's expansion theorem）であって，演算子方程式が(3)式よりさらに一般的な形として

$$i = E\frac{N(p)}{M(p)}\mathbf{1} \tag{2·1}$$

iの過渡値

で与えられたとしよう．この$M(p)$，$N(p)$は共にpの整関数または超越関数 —— 無理関数は除く —— であって，$N(p)$は$M(p)$よりも次数が低いものとすると，iの過渡値は次式によって求めることができる．

$$i = E\left\{\frac{N(0)}{M(0)} + \sum_{r=1}^{m}\frac{N(p_r)}{p_r M'(p_r)}\varepsilon^{p_r t}\right\}\mathbf{1} \tag{2·2}$$

これを計算する順序は
　① $N(0)$および$M(0)$を求め，
　② $M(p)=0$の根 $p_r (r=1, 2, 3\cdots\cdots m)$を求め，
　③ $M'(p)$を求めて，
　④ 上記の展開定理の公式に代入する．

以上の$N(0)$，$M(0)$は$(2·1)$式の$N(p)$，$M(p)$で$p=0$とおいたもので，$M(p)$をm次の多項式とすると$M(p)=0$の根はp_1，p_2，$p_3\cdots\cdots p_m$になり，これらは重根にならないものとした．なお

$$M'(p_r) = \left\{\frac{dM(p)}{dp}\right\}_{p=p_r}$$

である．

さて，この展開定理を用いて前の(3)式の解を求めてみよう．この場合，$N(p)=1$，$M(p)=Lp+R$となるので，
　① $N(p)=1+0\times p$と考えると$N(0)=1$，$M(0)=L\times 0+R=R$となる．
　② $M(p)=0$の根は，$Lp+R=0$だから$p=-R/L$の1根のみになる．
　③ $M'(p)$は$d(Lp+R)/dp=L$であって，$M'(p)=L+0\times p$と考えると，pの値にかかわらず常にLになる．
　④ 以上を$(2·2)$式に入れると

$$i = E\left(\frac{1}{R} + \frac{1}{-\frac{R}{L}\times L}\varepsilon^{-\frac{R}{L}t}\right) = \frac{E}{R}\left(1-\varepsilon^{-\frac{R}{L}t}\right)\mathbf{1}$$

次に，図2·3に示すようにインダクタンスL，静電容量Cの直列回路にスイッチSを入れて直流電圧Eを加えたときの過渡電流iを求めてみよう．

—11—

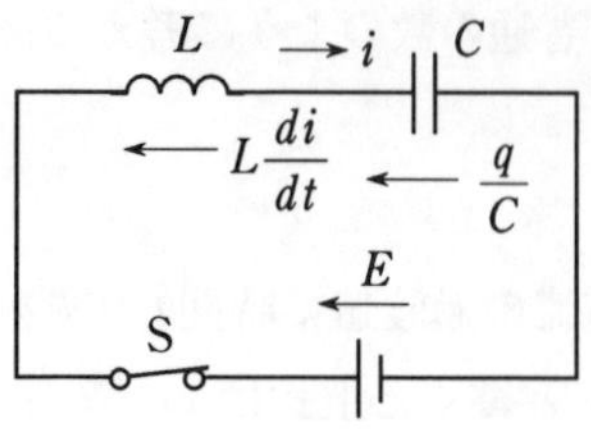

2 演算子法による微分方程式の解き方

図2·3 L−C 直列回路

この場合 $i = \dfrac{dq}{dt}$

$$\frac{di}{dt} = \frac{d}{dt}\left(\frac{dq}{dt}\right) = \frac{d^2q}{dt^2}$$

となるので q について次の微分方程式が成立する

$$L\frac{d^2q}{dt^2} + \frac{q}{C} = E\mathbf{1}$$

$$\left(Lp^2 + \frac{1}{C}\right)q = E\mathbf{1}$$

$$\therefore \quad q = E\frac{1}{Lp^2 + (1/C)}\mathbf{1}$$

したがって，この場合の $N(p) = 1$, $M(p) = Lp^2 + (1/C)$ になり

① $N(0) = 1$, $M(0) = 1/C$ になり

② $M(p) = 0$ の根は $Lp^2 + (1/C) = 0$ の根になって

$$p = \pm\sqrt{-\frac{1}{LC}} = \pm j\sqrt{\frac{1}{LC}} \ , \quad p_1 = j\sqrt{\frac{1}{LC}} \ , \quad p_2 = -j\sqrt{\frac{1}{LC}} \ \text{となる.}$$

③ また $M'(p) = \dfrac{d}{dp}\left(Lp^2 + 1/C\right) = 2Lp$ になるので

④ これを $(2\cdot2)$ 式に代入すると

$$q = E\left\{\frac{1}{1/C} + \frac{1}{j\sqrt{\dfrac{1}{LC}} \times 2Lj\sqrt{\dfrac{1}{LC}}}\varepsilon^{j\sqrt{\frac{1}{LC}}t} + \frac{1}{-j\sqrt{\dfrac{1}{LC}} \times 2L\left(-j\sqrt{\dfrac{1}{LC}}\right)}\varepsilon^{-j\sqrt{\frac{1}{LC}}t}\right\}\mathbf{1}$$

$$= E\left(C - \frac{C}{2}\varepsilon^{j\sqrt{\frac{1}{LC}}t} - \frac{C}{2}\varepsilon^{-j\sqrt{\frac{1}{LC}}t}\right)\mathbf{1}$$

$$= EC\left\{1 - \frac{1}{2}\left(\varepsilon^{j\sqrt{\frac{1}{LC}}t} + \varepsilon^{-j\sqrt{\frac{1}{LC}}t}\right)\right\}\mathbf{1}$$

$$= EC\left(1 - \cos\sqrt{\frac{1}{LC}}t\right)\mathbf{1}$$

ただし，$\sin x = \dfrac{1}{2}(\varepsilon^{jx} - \varepsilon^{-jx})$, $\cos x = \dfrac{1}{2}(\varepsilon^{jx} + \varepsilon^{-jx})$

$$i = \frac{dq}{dt} = EC \times \sqrt{\frac{1}{LC}}\sin\sqrt{\frac{1}{LC}}t\,\mathbf{1}$$

$$= \frac{E}{\sqrt{\dfrac{L}{C}}}\sin\sqrt{\frac{1}{LC}}t\,\mathbf{1}$$

というように求められる.

2·1 ヘビサイドの展開定理とその適用

　以上は直流電圧を加えた場合であったが，次に指数関数的な時間的変化をする電圧 $E\varepsilon^{\alpha t}$ が加えられた場合について考えよう．この場合の演算子方程式を

$$i = E\frac{N(p)}{M(p)}\varepsilon^{\alpha t}\mathbf{1} \tag{2·3}$$

とすると，この場合の展開定理の公式は次の形になる．

$$i = E\left\{\frac{N(\alpha)}{M(\alpha)}\varepsilon^{\alpha t} + \sum_{r=1}^{m}\frac{N(p_r)}{(p_r-\alpha)M'(p_r)}\varepsilon^{p_r t}\right\}\mathbf{1} \tag{2·4}$$

　この式で $N(\alpha)$ は $N(p)$ の式の p に α を，$M(\alpha)$ は $M(p)$ の式の p に α をそれぞれ代入したものである．

　たとえば，図2·4に示したような抵抗 R，静電容量 C の直列回路に $E\varepsilon^{\alpha t}\mathbf{1}$ を加えたとき，電流 $i = dq/dt$ となり次の微分方程式をうる

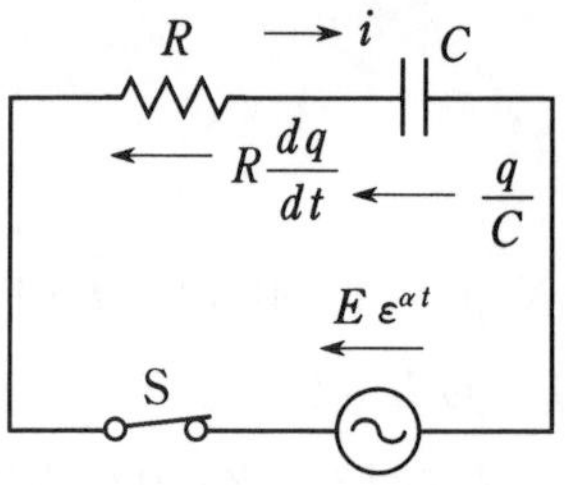

図 2·4　$E\varepsilon^{\alpha t}$ を加えたとき

$$R\frac{dq}{dt} + \frac{q}{C} = E\varepsilon^{\alpha t}\mathbf{1}, \quad (Rp + 1/C)\,q = E\varepsilon^{\alpha t}\mathbf{1}$$

$$\therefore\quad q = E\frac{1}{Rp+(1/C)}\varepsilon^{\alpha t}\mathbf{1}$$

この演算子方程式では $N(p) = 1$ で，$M(p) = Rp + 1/C$ になるので

① $N(\alpha) = 1$，$M(\alpha) = R\alpha + 1/C$ になり

② $M(p) = Rp + \dfrac{1}{C} = 0$ の根は $p_1 = -\dfrac{1}{RC}$ で

③ $M'(p) = \dfrac{d}{dp}\left(Rp + \dfrac{1}{C}\right) = R$ となるので

④ これらを $(2·4)$ 式に入れると

$$q = E\left\{\frac{1}{R\alpha+(1/C)}\varepsilon^{\alpha t} + \frac{1}{\left(-\dfrac{1}{RC}-\alpha\right)\times R}\varepsilon^{-\frac{1}{RC}t}\right\}\mathbf{1}$$

$$= \frac{CE}{RC\alpha+1}\left(\varepsilon^{\alpha t} - \varepsilon^{-\frac{1}{RC}t}\right)\mathbf{1}$$

$$i = \frac{dq}{dt} = \frac{CE}{RC\alpha+1}\left(\alpha\varepsilon^{\alpha t} + \frac{1}{RC}\varepsilon^{-\frac{1}{RC}t}\right)\mathbf{1}$$

というように求められる．

　次に $e(t_1) = E_m\sin(\omega t + \varphi)\mathbf{1}$ なり $e(t_2) = E_m\cos(\omega t + \varphi)\mathbf{1}$ を加えた場合であるが，

$$e(t) = E_m\varepsilon^{j\varphi}\varepsilon^{j\omega t}\mathbf{1} = E_m\varepsilon^{j(\omega t+\varphi)}\mathbf{1}$$

$$= E_m\{\cos(\omega t+\varphi) + j\sin(\omega t+\varphi)\}\mathbf{1}$$

となるので，この$e(t)$ を加えたものの虚数部をとると$e(t_1)$ を加えた場合となり，実数部をとると$e(t_2)$ を加えた場合になる.

さて，演算子方程式が

$$i = \frac{N(p)}{M(p)} E_m \varepsilon^{j\varphi} \varepsilon^{j\omega t} \mathbf{1} \tag{2·5}$$

展開定理の公式　の場合の**展開定理の公式**は次の形になる.

$$i = E_m \varepsilon^{j\varphi} \left\{ \frac{N(j\omega)}{M(j\omega)} \varepsilon^{j\omega t} + \sum_{r=1}^{m} \frac{N(p_r)}{(p_r - j\omega)M'(p_r)} \varepsilon^{p_r t} \right\} \mathbf{1} \tag{2·6}$$

ここで $N(j\omega)$, $M(j\omega)$ はそれぞれ $N(p)$, $M(p)$ のpの代りに$j\omega$を代入したものである.

たとえばRとLの直列回路に $E_m \sin\omega t \mathbf{1}$ を加えたときの演算子方程式は$(2·5)$式で $\varphi = 0$ だから

$$i = E_m \frac{1}{Lp + R} \varepsilon^{j\omega t} \mathbf{1}$$

についてまず解を求めると $N(p) = 1$, $M(p) = Lp + R$ となるので

① $N(j\omega) = 1$, $M(j\omega) = j\omega L + R$ となり

② $M(p) = 0$の根，すなわち $Lp + R = 0$ の根は $p = -\dfrac{R}{L}$

③ $M'(p) = \dfrac{d}{dp}(Lp + R) = L$ 　となるので

④ 　これらを $(2·6)$ 式に入れると

$$i = E_m \left\{ \frac{1}{R + j\omega L} \varepsilon^{j\omega t} + \frac{1}{\left(-\dfrac{R}{L} - j\omega\right)L} \varepsilon^{-\frac{R}{L}t} \right\} \mathbf{1}$$

$$= \frac{E_m}{R + j\omega L} \left(\varepsilon^{j\omega t} - \varepsilon^{-\frac{R}{L}t} \right) \mathbf{1} \tag{1}$$

いま，$\tan\theta = \dfrac{\omega L}{R}$ とすると $\theta = \tan^{-1}\dfrac{\omega L}{R}$ となり

$$\cos\theta = \frac{1}{\sqrt{1 + \tan^2\theta}} = \frac{R}{\sqrt{R^2 + \omega^2 L^2}}$$

$$\sin\theta = \tan\theta\cos\theta = \frac{\omega L}{\sqrt{R^2 + \omega^2 L^2}}$$

また　$\varepsilon^{-j\theta} = \cos\theta - j\sin\theta = \dfrac{1}{\sqrt{R^2 + \omega^2 L^2}}(R - j\omega L)$

したがって　$R - j\omega L = \sqrt{R^2 + \omega^2 L^2}\, \varepsilon^{-j\theta}$ $\tag{2}$

この(2)式を(1)式の分母子に乗ずると

$$i = \frac{E_m \sqrt{R^2 + \omega^2 L^2}\, \varepsilon^{-j\theta}}{(R + j\omega L)(R - j\omega L)} \left(\varepsilon^{j\omega t} - \varepsilon^{-\frac{R}{L}t} \right) \mathbf{1}$$

$$= \frac{E_m}{\sqrt{R^2 + \omega^2 L^2}} \left\{ \varepsilon^{j(\omega t - \theta)} - \varepsilon^{-j\theta} \varepsilon^{\frac{R}{L}t} \right\} \mathbf{1}$$

$$= \frac{E_m}{\sqrt{R^2 + \omega^2 L^2}} \left\{ \cos(\omega t - \theta) + j\sin(\omega t - \theta) - (\cos\theta - j\sin\theta)\varepsilon^{\frac{R}{L}t} \right\} \mathbf{1}$$

$$= \frac{E_m}{\sqrt{R^2 + \omega^2 L^2}} \left\{ \cos(\omega t - \theta) - \cos\theta\varepsilon^{-\frac{R}{L}t} \right\} \mathbf{1}$$

$$+ j\frac{E_m}{\sqrt{R^2 + \omega^2 L^2}} \left\{ \sin(\omega t - \theta) + \sin\theta\varepsilon^{-\frac{R}{L}t} \right\} \mathbf{1}$$

この第2項の虚数部は $e(t_1) = E_m \sin\omega t\mathbf{1}$ を加えた場合の過渡電流をあらわし，第1項の実数部は $e(t_2) = E_m \cos\omega t\mathbf{1}$ を加えたときの過渡電流を与える．

2·2　インピーダンス関数とその用い方

前節で述べたように $R-L$ 直列回路に $E\mathbf{1}$ を加えたとき

$$\frac{E}{Lp + R}\mathbf{1} = \frac{E}{R}\left(1 - \varepsilon^{-\frac{R}{L}t}\right)\mathbf{1}$$

が成立したが，この左辺は p だけをふくみ t をふくんでいないので，これを $F(p)$ であ
p関数　らわして **p 関数**といい，その右辺は t のみをふくみ p をふくまないので，これを $f(t)$
t関数　であらわして **t 関数**と称する．また，これに $E_m\varepsilon^{j\omega t}$ を加えたときの**過渡電流 i** は
過渡電流

$$i = \frac{E}{R + j\omega L}\left(\varepsilon^{j\omega t} - \varepsilon^{-\frac{R}{L}t}\right)$$

によって与えられた．この式の $R + j\omega L$ の $j\omega$ を p でおきかえると $(R + pL)$ になる
インピーダンス　が，これもインピーダンスの次元をもっていて，これを**インピーダンス関数**といい
関数　$Z(p)$ であらわす．これは要するにベクトル・インピーダンスの $j\omega$ を p でおきかえた
もので，その主なものを示すと次のようになる．

回路構成	ベクトル・インピーダンス Z	インピーダンス関数 $Z(p)$
$R-L$	$Z = R + j\omega L$	$Z(p) = R + pL$
$R-C$	$Z = R + \dfrac{1}{j\omega C}$	$Z(p) = R + \dfrac{1}{pC}$
$R-L-C$	$Z = R + j\omega L + \dfrac{1}{j\omega C}$	$Z(p) = R + pL + \dfrac{1}{pC}$
$\begin{bmatrix} R \\ L \end{bmatrix}$	$Z = \dfrac{j\omega LR}{R + j\omega L}$	$Z(p) = \dfrac{pLR}{R + pL}$
$\begin{bmatrix} R \\ C \end{bmatrix}$	$Z = \dfrac{\dfrac{1}{j\omega C}R}{R + \dfrac{1}{j\omega C}}$	$Z(p) = \dfrac{\dfrac{1}{pC}R}{R + \dfrac{1}{pC}} = \dfrac{R}{pRC + 1}$

−15−

2 演算子法による微分方程式の解き方

アドミタンス
関数

注； ベクトル・アドミタンス Y に対しても同様にしてアドミタンス関数 $Y(p)$ が考えられる.

こうして回路のインピーダンス関数 $Z(p)$ を求めておくと，電流 i は直ちに

$$i = \frac{E_m}{Z(p)} \varepsilon^{j\varphi} \varepsilon^{j\omega t} \mathbf{1} \tag{2·7}$$

によって求められる．たとえば図2·5のような R, L, C の直列回路のインピーダン

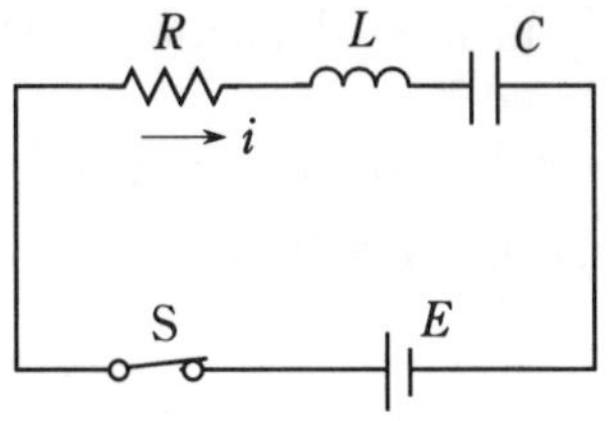

図 2·5 $Z(p)$ の適用例

ス関数 $Z(p)$ は前表のようになるので i の p 関数は直ちに次のように書ける.

$$i = \frac{E}{Z(p)} \mathbf{1} = \frac{E}{Lp + R + \dfrac{1}{Cp}} \mathbf{1} = E \frac{Cp}{CLp^2 + RCp + 1} \mathbf{1}$$

これに $(2·2)$ 式の展開定理を用いると，$N(p) = Cp$. $M(p) = LCp^2 + RCp + 1$ に相当し，

① $N(0) = 0$, $M(0) = 1$ となり

② $M(p) = 0$ の根は $LCp^2 + RCp + 1 = 0$ の根で

$$\left.\begin{array}{c} p_1 \\ p_2 \end{array}\right\} = \frac{-RC \pm \sqrt{(RC)^2 - 4LC}}{2LC} = -\frac{R}{2L} \pm \sqrt{\frac{R^2}{4L^2} - \frac{1}{LC}}$$

$R > 2\sqrt{\dfrac{L}{C}}$ のとき $p_1 = -\alpha + \beta$, $p_2 = -\alpha - \beta$

$R < 2\sqrt{\dfrac{L}{C}}$ 〃 $p_1 = -\alpha + j\omega$, $p_2 = -\alpha - j\omega$ となり

ただし，$\alpha = \dfrac{R}{2L}$, $\beta = \sqrt{\dfrac{R^2}{4L^2} - \dfrac{1}{LC}}$, $\omega = \sqrt{\dfrac{1}{LC} - \dfrac{R^2}{4L^2}}$

③ $M'(p) = \dfrac{d}{dp}\left(LCp^2 + RCp + 1\right) = 2LCp + RC$ となるので

④ これらを $(2·2)$ 式に入れると，

$$i = E\left\{ \frac{Cp_1}{p_1 \times (2LCp_1 + RC)} \varepsilon^{p_1 t} + \frac{Cp_2}{p_2 \times (2LCp_2 + RC)} \varepsilon^{p_2 t} \right\} \mathbf{1}$$

$$= E\left(\frac{\varepsilon^{p_1 t}}{2Lp_1 + R} + \frac{\varepsilon^{p_2 t}}{2Lp_2 + R} \right) \mathbf{1}$$

これに前記の関係を入れると

(1) $R > 2\sqrt{\dfrac{L}{C}}$ のとき；

－16－

2·2 インピーダンス関数とその用い方

$$i = E\left\{\frac{\varepsilon^{p_1 t}}{2L(-\alpha+\beta)+R} + \frac{\varepsilon^{p_2 t}}{2L(-\alpha-\beta)+R}\right\}\mathbf{1}$$

$$= E\left\{\frac{\varepsilon^{p_1 t}}{2L\beta+(R-2L\alpha)} - \frac{\varepsilon^{p_2 t}}{2L\beta-(R-2L\alpha)}\right\}\mathbf{1}$$

ここで $R-2L\alpha = R-2L\times\dfrac{R}{2L} = 0$ になるので

$$i = \frac{E}{2L\beta}\left(\varepsilon^{p_1 t}-\varepsilon^{p_2 t}\right)\mathbf{1} = \frac{E}{2L\beta}\varepsilon^{-\alpha t}\left(\varepsilon^{\beta t}-\varepsilon^{-\beta t}\right)\mathbf{1}$$

$$= \frac{2E}{\sqrt{R^2-4\dfrac{L}{C}}}\varepsilon^{-\frac{R}{2L}t}\sinh\sqrt{\frac{R^2}{4L^2}-\frac{1}{LC}}\,t\,\mathbf{1}$$

ただし，双曲線関数の公式によると

$$\sinh x = \frac{1}{2}\left(\varepsilon^x-\varepsilon^{-x}\right), \quad \cosh x = \frac{1}{2}\left(\varepsilon^x+\varepsilon^{-x}\right)$$

(2) $R < 2\sqrt{\dfrac{L}{C}}$ のとき；

この場合は上式で $\beta=j\theta$ とおけばよい．

$$i = \frac{E}{Lj\omega}\varepsilon^{-\alpha t}\sinh j\omega t\,\mathbf{1} = \frac{E}{L\omega}\varepsilon^{-\alpha t}\sin\omega t\,\mathbf{1}$$

$$= \frac{E}{\sqrt{\dfrac{L}{C}-\dfrac{R^2}{4}}}\varepsilon^{-\frac{R}{2L}t}\sin\sqrt{\frac{1}{LC}-\frac{R^2}{4L^2}}\,t\,\mathbf{1}$$

ただし，$\sinh(j\theta)=j\sin\theta$ の関係にある．

(3) $R = 2\sqrt{\dfrac{L}{C}}$ のとき；

この場合は $\beta=0$ となり，i の式は $0/0$ の不定形になるので，

$$\lim_{x\to 0}\frac{\sinh x}{x}=1 \quad \text{を利用して} \quad \lim_{\beta\to 0}\frac{\sinh\beta t}{\beta}=t\lim_{\beta t\to 0}\frac{\sinh\beta t}{\beta t}=t$$

の形に導く．(1) の場合より

$$i = \frac{2E}{2L\beta}\varepsilon^{-\alpha t}\sinh\beta t\,\mathbf{1} = \frac{E}{L}\varepsilon^{-\alpha t}t\lim_{\beta t\to 0}\frac{\sinh\beta t}{\beta t}\mathbf{1}$$

$$= \frac{E}{L}t\varepsilon^{-\frac{R}{L}t}\mathbf{1}$$

以上，演算子法の講義としては門口に立って戸の隙間から内部をちらっと覗いた程度になったが，習うより馴れろで，6 にかかげる例題を演算子法を用いて解いてみられたい．

−17−

3 偏微分方程式とその解き方の要点

【1】偏微分方程式とは

例えば $z = F(x, y)$ と二つの変数x, yからなる関数を偏微分 $(\partial z/\partial x, \partial^2 z/\partial x^2, \partial z/\partial y, \partial^2 z/\partial y^2, \partial^2 z/\partial x\partial y)$ して作られた方程式を偏微分方程式といい，これは空間に散布された無限の方向面素をあらわし，これに初期条件を与えると自から一つの曲面が対応してくる．

【2】1階1次偏微分方程式の解

P, Q, Rをx, y, zの関数としたとき

$$P\frac{\partial z}{\partial x} + Q\frac{\partial z}{\partial y} = R$$

の解は

常微分方程式 $\dfrac{dx}{P} = \dfrac{dy}{Q} = \dfrac{dz}{R}$ を解いて

$$f(x, y, z) = k_1, \quad g(x, y, z) = k_2$$

をえたとすると，その一般解は

$$f(x, y, z) = F\{g(x, y, z)\} \quad \text{または} \quad \Phi\{f(x, y, z), g(x, y, z)\} = 0$$

によって与えられる．ただし，FやΦは任意の関数をあらわす．

【3】1階高次偏微分方程式の解

(1) $z = x\dfrac{\partial z}{\partial x} + y\dfrac{\partial z}{\partial y} + \dfrac{\partial z}{\partial x}\cdot\dfrac{\partial z}{\partial y}$　の完全解は，$z = ax + by + xy$

(2) $\dfrac{\partial z}{\partial y} = f\left(\dfrac{\partial z}{\partial x}\right)$　の完全解は，$z = ax + f(a)y + b$

(3) $\left(\dfrac{\partial z}{\partial x}\right)^2 + \left(\dfrac{\partial z}{\partial y}\right)^2 = 1$　の完全解は，$z = ax + \sqrt{1-a^2}\,y + b$

(4) $F\left(\dfrac{\partial z}{\partial x}\cdot\dfrac{\partial z}{\partial y}\right) = 0$　の完全解は，$z = x\Phi(a) + y\psi(a) + b$

(5) $F\left(z, \dfrac{\partial z}{\partial x}, \dfrac{\partial z}{\partial y}\right) = 0$　の完全解は　$F\left(z, \dfrac{dz}{dt}, a\dfrac{dz}{dt}\right) = 0$

(6) $F\left(x, \dfrac{\partial z}{\partial x}\right) = G\left(y, \dfrac{\partial z}{\partial y}\right)$　の完全解は　$z = \displaystyle\int f(x, c)dx + \int g(y, k)dy + k$

–18–

4　演算子法の要点

【1】ヘビサイドの展開定理

(1)　$i = E\dfrac{N(p)}{M(p)}\mathbf{1}$　に対し

$$i = E\left\{\dfrac{N(0)}{M(0)} + \sum_{r=1}^{m}\dfrac{N(p_r)}{P_r M'(p_r)}\varepsilon^{p_r t}\right\}\mathbf{1}$$

① $N(0)$ および $M(0)$ を求め

② $M(p) = 0$ の根 p_r $(r = 1, 2, 3, \cdots\cdots m)$ を求め

③ $M'(p)$ を求めて

④ 上記の展開定理の公式に代入する.

(2)　$i = E\dfrac{N(p)}{M(p)}\varepsilon^{\alpha t}\mathbf{1}$　に対し

$$i = E\left\{\dfrac{N(\alpha)}{M(\alpha)}\varepsilon^{\alpha t} + \sum_{r=1}^{m}\dfrac{N(p_r)}{(p_r - \alpha)M'(p_r)}\varepsilon^{p_r t}\right\}\mathbf{1}$$

(3)　$i = E_m\dfrac{N(p)}{M(p)}\varepsilon^{j\varphi}\varepsilon^{j\omega t}\mathbf{1}$　に対し

$$i = E_m\varepsilon^{j\varphi}\left\{\dfrac{N(j\omega)}{M(j\omega)}\varepsilon^{j\omega t} + \sum_{r=1}^{m}\dfrac{N(p_r)}{(p_r - j\omega)M'(p_r)}\varepsilon^{p_r t}\right\}\mathbf{1}$$

ただし,　$\varepsilon^{j\varphi}\varepsilon^{j\omega t} = \cos(\omega t + \varphi) + j\sin(\omega t + \varphi)$

となるので, 上式の実数部をとると $E_m\cos(\omega t + \varphi)$ を加えた場合となり, 虚数部をとると $E_m\sin(\omega t + \varphi)$ を加えた場合になる.

【2】インピーダンス関数

　複素数であらわされたインピーダンス z の $j\omega$ を p でおきかえたものをインピーダンス関数といい $z(p)$ であらわす. 例えば R と L の直列に C が並列にあるとき

$$z = \dfrac{\dfrac{1}{j\omega C}(R + j\omega L)}{R + j\omega L + \dfrac{1}{j\omega C}}$$

$$z(p) = \dfrac{\dfrac{1}{pC}(R + pL)}{R + pL + \dfrac{1}{pC}} = \dfrac{R + pL}{p^2 LC + pCR + 1}$$

−19−

というようになる．従って，$E_m \varepsilon^{j\varphi} \varepsilon^{j\omega t} \mathbf{1}$ に対する電流は

$$i = \frac{E_m}{z(p)} \varepsilon^{j\varphi} \varepsilon^{j\omega t} \mathbf{1}$$

によって直ちに求められる．

5 偏微分方程式の演習問題

次の偏微分方程式の一般解を求めよ.

(1) $a\dfrac{\partial z}{\partial x}+b\dfrac{\partial z}{\partial y}=1$

(2) $(a-x)\dfrac{\partial z}{\partial x}+(b-y)\dfrac{\partial z}{\partial y}=c-z$

(3) $a\left(\dfrac{\partial z}{\partial x}+\dfrac{\partial z}{\partial y}\right)=z$

(4) $x^2\dfrac{\partial z}{\partial x}+y^2\dfrac{\partial z}{\partial y}=z^2$

(5) $(y^2-z^2)\dfrac{\partial z}{\partial x}+(z^2-x^2)\dfrac{\partial z}{\partial y}=x^2-y^2$

(6) $(y+z)\dfrac{\partial z}{\partial x}+(z+x)\dfrac{\partial z}{\partial y}=x+y$

(7) $\dfrac{\partial z}{\partial x}\cdot\dfrac{\partial z}{\partial y}=a^2$

(8) $\dfrac{\partial z}{\partial x}\left\{1+\left(\dfrac{\partial z}{\partial y}\right)^2\right\}=\dfrac{\partial z}{\partial y}(z-1)$

(9) $z=x\dfrac{\partial z}{\partial x}+y\dfrac{\partial z}{\partial y}+\left(\dfrac{\partial z}{\partial x}\right)^2+\left(\dfrac{\partial z}{\partial y}\right)^2$

(10) $\left(x\dfrac{\partial z}{\partial x}-2y\right)^2=y^2\dfrac{\partial z}{\partial y}$

(11) $z=x\dfrac{\partial z}{\partial x}+y\dfrac{\partial z}{\partial y}+\sqrt{1-\left(\dfrac{\partial z}{\partial x}\right)^2-\left(\dfrac{\partial z}{\partial y}\right)^2}$

(12) $\dfrac{\partial^2 z}{\partial x^2}-a^2\dfrac{\partial^2 z}{\partial y^2}=0$

(13) $\dfrac{\partial^2 z}{\partial x^2}+3\dfrac{\partial^2 z}{\partial x\partial y}+2\dfrac{\partial^2 z}{\partial y^2}=x+y$

(14) $\dfrac{\partial^3 z}{\partial x^3}-\dfrac{\partial^3 z}{\partial x^2\partial y}+\dfrac{\partial^3 z}{\partial x\partial y^2}-\dfrac{\partial^3 z}{\partial y^3}=0$

5 偏微分方程式の演習問題

【答】

(1) $\phi\,(x-az,\ y-bz)=0$

(2) $\phi\left(\dfrac{a-x}{b-y},\ \dfrac{a-x}{c-z}\right)=0$

(3) $\phi\left(x-y,\ \dfrac{1}{2}\varepsilon^{\frac{x}{a}}\right)=0$

(4) $\phi\left(\dfrac{1}{z}-\dfrac{1}{x},\ \dfrac{1}{z}-\dfrac{1}{y}\right)=0$

(5) $\phi\,(x+y+z,\ x^3+y^3+z^3)=0$

(6) $\phi\left\{(x-z)\sqrt{x^2+y^2+z^2}\,,\ (y-z)\sqrt{x^2+y^2+z^2}\,\right\}=0$

(7) $z=kx+\dfrac{a^2y}{k}+b$

(8) $4\,(az-a+1)=(x+ay+b)$

(9) $z=ax+by+a^2+b^2$

(10) $z=4y+a\log x-4a\log y-\dfrac{a^2}{y}$

(11) $z=ax+by+\sqrt{1-a^2-b^2}$

(12) $z=G\,(y-ax)+F\,(y+ax)$

(13) $z=F(y-2x)+G(y-x)+\dfrac{x^3}{6}+\dfrac{y^3}{12}$

(14) $z=F\,(x+y)+G\,(x+jy)+\phi\,(x-jy)$

−22−

6 演算子法の演習問題

〔**問題 1**〕図のような抵抗R, 自己インダクタンスLの回路と抵抗r, 静電容量Cの回路を並列に接続し, 電圧Eの直流電源に接続したとき, 電源より流入するt秒後の電流を求めよ.

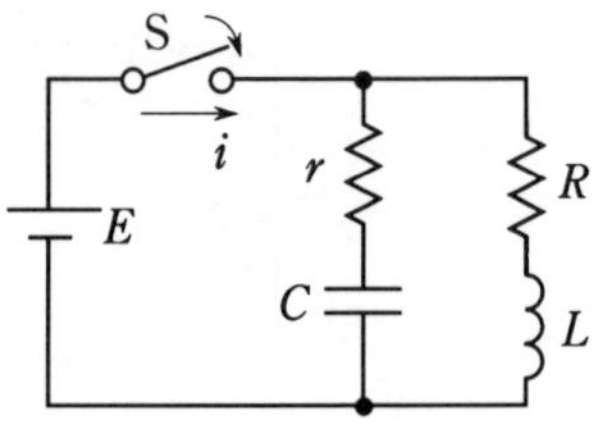

〔**問題 2**〕図のような, 抵抗Rと静電容量Cとが直列に接続された回路がある. Cは初め50 Vに充電されているものとし, 急にスイッチSを閉じて100 Vを加えた場合,

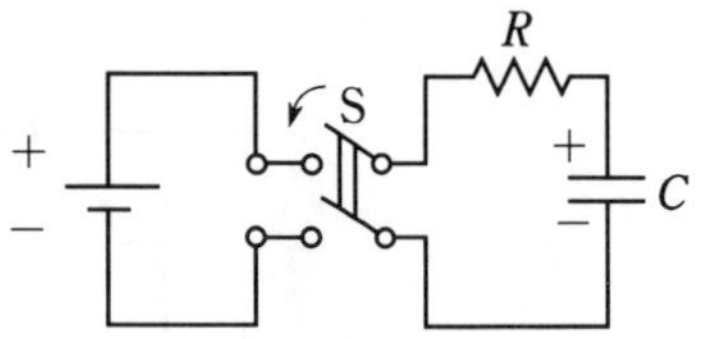

この回路に流れる電流の変化を示す式を求めよ. またこの電流が初めの電流の$\dfrac{1}{2}$になる時間を計算せよ. ただし, $C=1\mu\mathrm{F}$, $R=1\mathrm{M}\Omega$とし, 自然対数は下記のとおりである.

N	1	2	3	4
$\log_\varepsilon N$	0.000	0.693	1.099	1.386

〔**問題 3**〕図のような自己インダクタンスL〔H〕, 抵抗R〔Ω〕の回路を時間$t=0$において, 電圧E_0〔V〕の直流電源につないだとき, 電流$i(t)$は0から増加して一定値 $I_0=\dfrac{E_0}{R}$になる. この電流の増加する過程において, 電源から供給される電力および抵抗のジュール損を求め, これを図示し, これらと最終的にインダクタンスにたくわえられるエネルギーの関係を説明せよ.

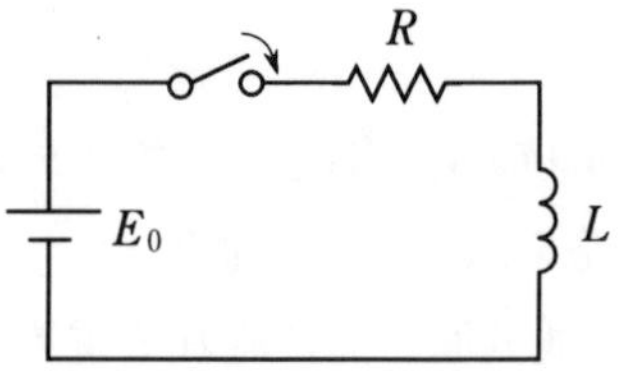

−23−

6 演算子法の演習問題

〔問題 4〕図のような抵抗R, r, r_0, 静電容量Cからなる回路に直流電圧Eを加えたとき，電源より流入するt秒後の電流iを求めよ．

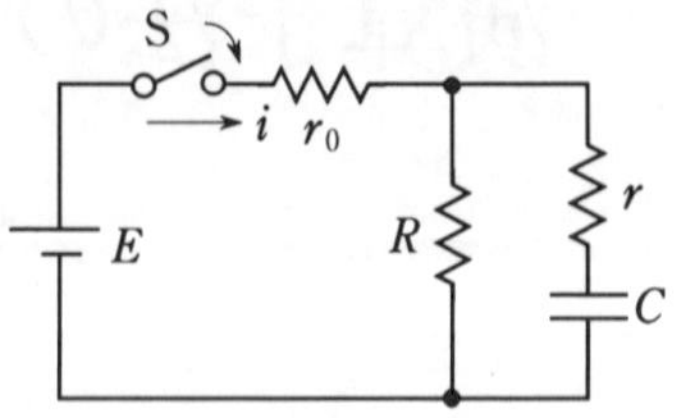

〔問題 5〕自己インダクタンスL, 抵抗R, 静電容量Cからなる図のような回路に直流電圧Eを加えたとき流入電流iのt秒後の値を求めよ．

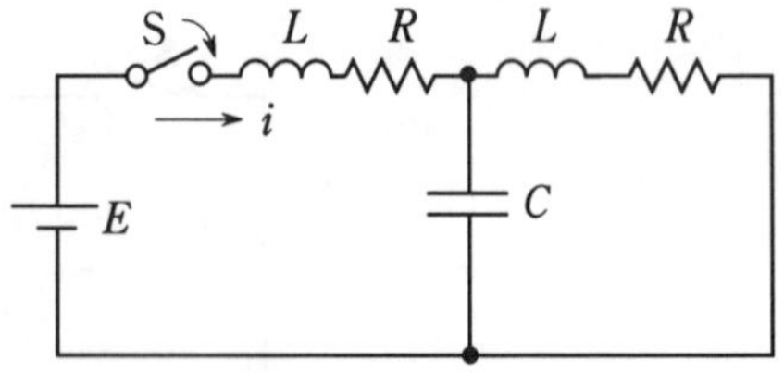

〔問題 6〕図のような衝撃電圧発生装置において，次の場合に端子A，Bの間に発生する衝撃電圧の波形および波高値はどのように変化するか説明せよ．ただし，Gは火花間隙，Lはインダクタンス，Cは静電容量およびRは抵抗とする．

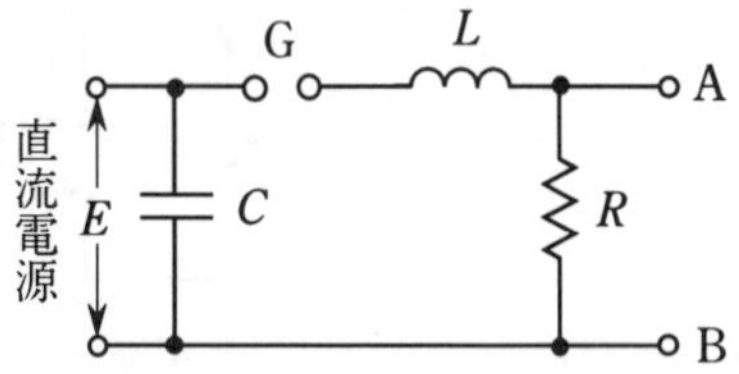

（イ）Lを次第に大にしたとき（R, C, G一定）

（ロ）Rを次第に大にしたとき（L, C, G一定）

（ハ）Cを次第に大にしたとき（L, R, G一定）

〔問題 7〕図のような直流電源をもつ電気回路がある．初めスイッチSを閉じ，回路が定常状態に落ち着いたとき，Sを遮断すれば，それからt秒経過した後のコンデンサCの端子電圧およびインダクタンスLを流れる電流の過渡値はいくらになるか．ただし，Eは電源の電圧，R, rは抵抗，Lはコイルのインダクタンス，Cはコンデンサの容量とし，$r>2\sqrt{L/C}$ とする．

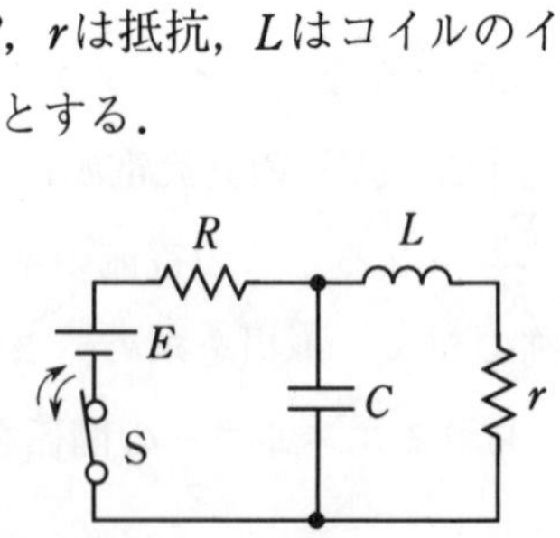

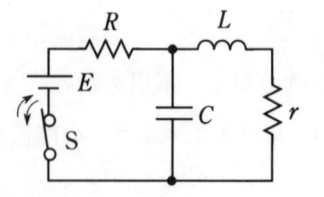

〔問題8〕抵抗R_1, 自己インダクタンスL_1なる回路と抵抗R_2, 自己インダクタンスL_2なる回路を図のように並列とし，スイッチSを入れて定常状態に達した後，Sを開いたとき，並列回路間に流れる電流iを求めよ．ただし電源電圧をEとする．

—24—

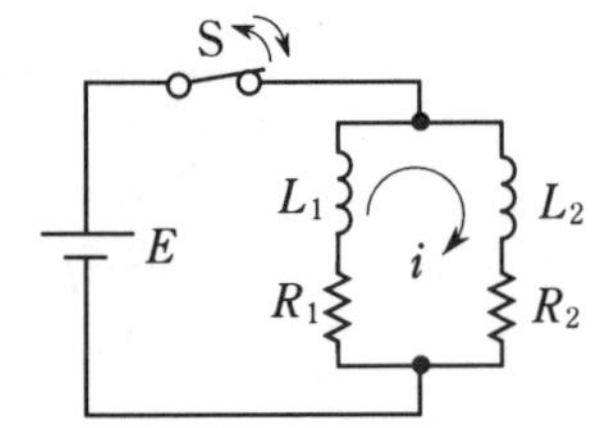

6 演算子法の演習問題

〔問題 9〕図のような抵抗 R, r, 自己インダクタンス L, 静電容量 C からなる回路がある．まず S_1 を入れて定常状態に達した後，S_2 を入れたときこれに流れる電流 i を求めよ．ただし $r \gg R$ とし $\dfrac{4}{LC} > \left(\dfrac{R}{L} + \dfrac{1}{rC}\right)^2$ とする．

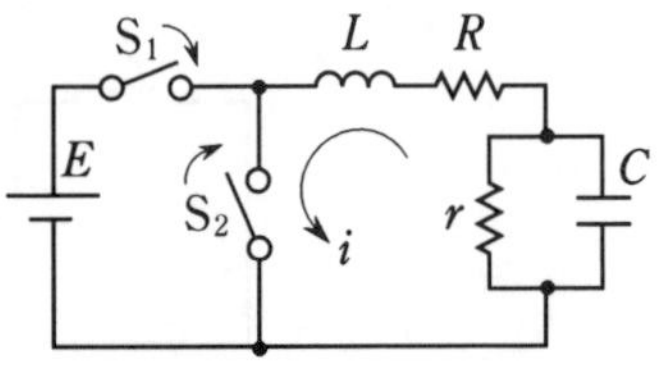

〔問題 10〕図のような電気回路で，初め，開閉器 S を開放し，コンデンサ C の両端の電位差が零であるとき，$t = 0$ の瞬間後 S を t 秒間だけ閉じ，次の τ 秒間は S を開き，さらに，次の τ 秒間は S を閉じる．このように S を周期的に断続し，回路が定常状態に達した場合，コンデンサ C の両端の電位差 v_C と抵抗 r を流れる電流 i とを求めよ．ただし，E は直流電源の電圧，R および r は抵抗とする．

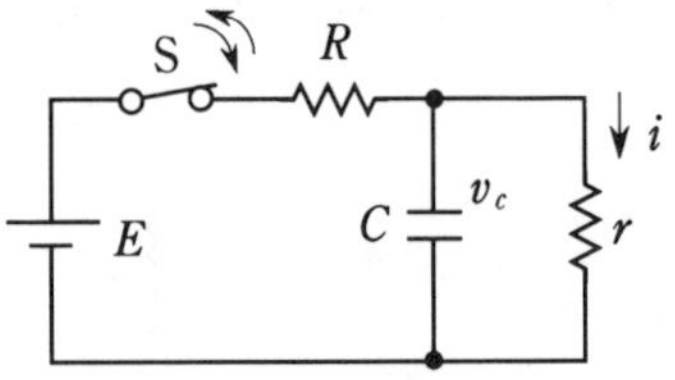

〔問題 11〕図の電気回路において時間 $t = 0$ で S を閉じた直後に P より Q に向かって流れる電流の瞬時値を求めよ．ただし，S を閉じる前の電気回路の各分路の電流は定常状態にあるものとし，かつ，起電力 $e = E\sin\omega t$ とする．

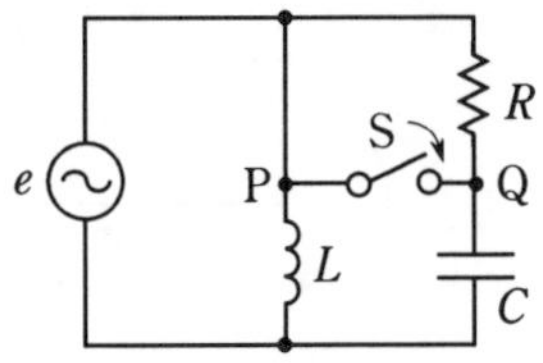

〔問題 12〕図のように，コンデンサ C（$1\,\mu F$）と抵抗 R（$1\,000\,\Omega$）との回路がある．この回路において，スイッチ S_1 を閉じて直流電圧 E（$100\,V$）を加え，さらに $1/1\,000$ 秒の後 S_2 を閉じて抵抗の $9/10$ を短絡する．この場合の電流の時間的変化を示す算式をを求め，かつその大要を図示せよ．

−25−

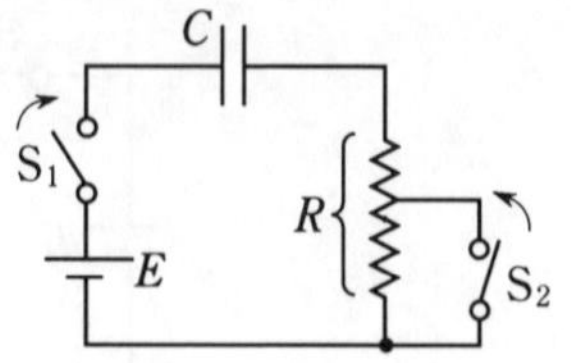

6 演算子法の演習問題

〔問題 13〕図のようなインダクタンスLと静電容量Cの直列回路において，スイッチKによってCを短絡しておき，交流起電力$e\cos\omega t$を加えて定常状態の交流をLに流してあるとする．時刻$t=0$のとき，突然Kを開いた後におけるCの端子電圧を求めよ．

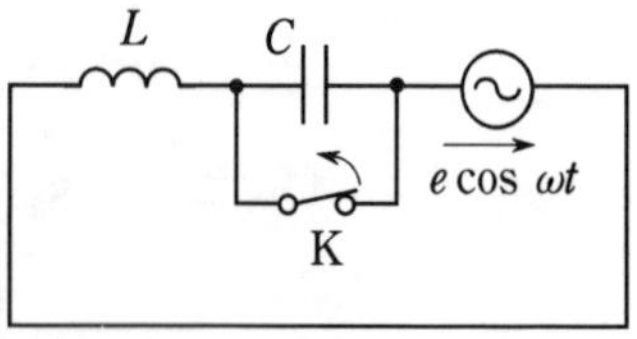

〔問題 14〕図のように最初インダクタンスLの短絡回路に電流i_0が流れているものとし，スイッチSを遮断して抵抗Rに切替えるものとする．抵抗に切替えた後Rを流れる電流が零になるまでの時間を求めよ．ただし，この抵抗の値と電流との関係は$R=Ki^{-a}$（$K,\ a$は正の定数）で与えられるものとする．

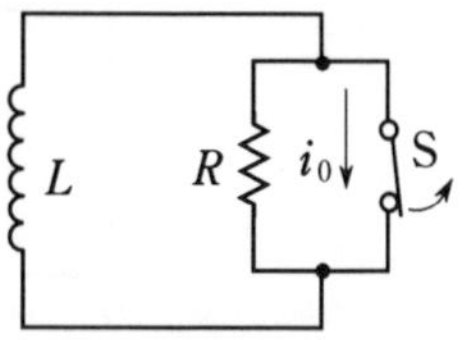

〔問題 15〕抵抗$R,\ r$と自己インダクタンスLからなる図のような回路において，まずS_1を閉じて$e=E_m\sin\omega t$を加えて定常状態に達した後，S_2を閉じると回路の電流iはどのように変化するか．

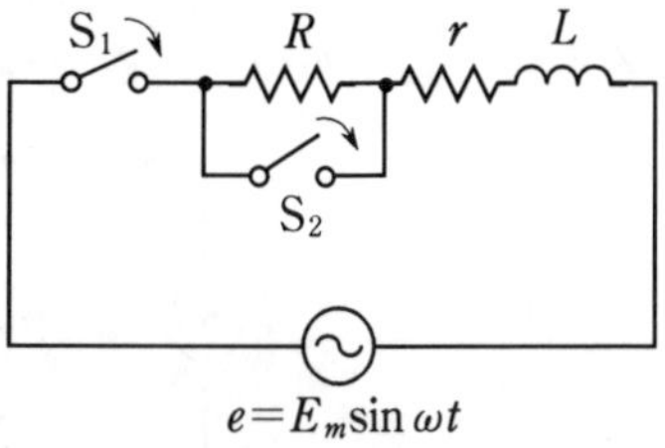

-26-

6 演算子法の演習問題

〔演習問題の解答〕

(1) $\quad i = \dfrac{E}{R} + E\left(\dfrac{1}{r}\varepsilon^{-\frac{1}{rC}t}\right) - \dfrac{1}{R}\varepsilon^{-\frac{R}{L}t}$

(2) $\quad i = 5 \times 10^{-5}\varepsilon^{-t}, \quad t = 0.693$ 〔s〕

(3) 電源からの供給電力 $\quad P_S = \dfrac{E_0{}^2}{R}\left(1 - \varepsilon^{-\frac{R}{L}t}\right)$ 〔W〕

抵抗でのジュール損 $\quad P_R = \dfrac{E_0{}^2}{R}\left(1 - 2\varepsilon^{-\frac{R}{L}t} + \varepsilon^{-\frac{2R}{L}t}\right)$ 〔W〕

インダクタンスにたくわえられるエネルギー $\quad P_L = \dfrac{LE_0{}^2}{2R^2}\left\{1 - \left(2 - \varepsilon^{-\frac{R}{L}t}\right)\varepsilon^{-\frac{R}{L}t}\right\}$ 〔J〕

その最終値 $\quad \dfrac{L}{2}\left(\dfrac{E_0}{R}\right)^2$

(4) $\quad i = \dfrac{E}{R + r_0}\left(1 + \dfrac{R^2}{\Delta}\varepsilon^{\frac{r + r_0}{C\Delta}t}\right)$ ただし $\quad \Delta = Rr + rr_0 + r_0R$

(5) $\quad i = \dfrac{E}{R}\left\{\dfrac{1}{2}\left(1 - \varepsilon^{-\frac{R}{L}t}\right) + \dfrac{\varepsilon^{-\frac{R}{2L}t}}{\sqrt{1 - \dfrac{8L}{R^2C}}}\sinh\dfrac{R}{2L}\sqrt{1 - \dfrac{8L}{R^2C}}\,t\right\}$

(6) AB間に発生する衝撃電圧波 $\quad e = iR = E\dfrac{\alpha_2 + \alpha_1}{\alpha_2 - \alpha_1}\left(\varepsilon^{-\alpha_1 t} - \varepsilon^{-\alpha_2 t}\right),$

$$\alpha_1 = \dfrac{R}{2L} - \sqrt{\dfrac{R^2}{4L^2} - \dfrac{1}{LC}} \;,\quad \alpha_2 = \dfrac{R}{2L} + \sqrt{\dfrac{R^2}{4L^2} - \dfrac{1}{LC}}$$

一般に衝撃電圧発生器では

$$R^2 \gg \dfrac{4L}{C}, \quad \alpha_1 \cong \dfrac{1}{RC}, \quad \alpha_2 \cong \dfrac{R}{L} \text{ になる.}$$

（イ）Lを次第に大とすると波頭長は大 —— 波頭の峻度は減ずる —— となり，波高値eは減ずる.

（ロ）Rを大きくすると，波頭長は小，波尾長は大となりeを増す.

（ハ）Cを大きくすると波頭長を大とし，eも幾分増す. Cが小さいと波形がゆがむ.

(7) $\quad v = \dfrac{E}{R + r}\varepsilon^{-\frac{r}{2L}t}\left\{r\cosh\sqrt{\dfrac{r^2}{4L^2} - \dfrac{1}{LC}}\cdot t + \dfrac{\dfrac{r^2}{2L} - \dfrac{1}{C}}{\sqrt{\dfrac{r^2}{4L^2} - \dfrac{1}{LC}}}\sinh\sqrt{\dfrac{r^2}{4L^2} - \dfrac{1}{LC}}\cdot t\right\}$

$$i = \frac{E}{R+r}\varepsilon^{-\frac{r}{2L}t}\left\{\cosh\sqrt{\frac{r^2}{4L^2}-\frac{1}{LC}}\cdot t + \frac{\frac{r}{2L}}{\sqrt{\frac{r^2}{4L^2}-\frac{1}{LC}}}\sinh\sqrt{\frac{r^2}{4L^2}-\frac{1}{LC}}\cdot t\right\}$$

(8)　$i = \dfrac{L_1 L_{10} + L_2 L_{20}}{L_1 + L_2}\varepsilon^{-\frac{R_1+R_2}{L_1+L_2}t}$　ただし，　　$I_{10} = \dfrac{E}{R_1}$,　$I_{20} = -\dfrac{E}{R_2}$

(9)　$i = -\dfrac{E}{\beta L}\varepsilon^{-\alpha t}\sin\beta t$. ただし　$\beta = \sqrt{\dfrac{1}{LC}-\dfrac{1}{4}\left(\dfrac{R}{L}-\dfrac{1}{rC}\right)^2}$,　$\alpha = \dfrac{1}{2}\left(\dfrac{R}{L}+\dfrac{1}{rC}\right)$

(10)　(イ) Sを閉じた状態では　　$v_C = \dfrac{\beta}{\alpha}\left\{1-\varepsilon^{-\alpha(t-2n\tau)}\right\}+\dfrac{u\varepsilon^{-\beta\tau}}{1-\varepsilon^{-(\alpha+\beta)\tau}}\times\varepsilon^{-\alpha(t-2n\tau)}$

　　　(ロ) Sを開いた状態では　　$v_C = \dfrac{u}{1-\varepsilon^{-(\alpha+\beta)\tau}}\times\varepsilon^{-\beta\{t-(2n+1)\tau\}}$

　　　　　ただし，　$\alpha = \dfrac{1}{C}\left(\dfrac{1}{R}+\dfrac{1}{r}\right)$,　$\beta = \dfrac{1}{rC}$,　$u = \dfrac{\beta}{\alpha}(1-\varepsilon^{-\alpha\tau})$

　　　　n；断続回数

(11)　ωCE

(12)　$t=0$ から $t_0 = 1/1000$ 秒間　$i = 0.1\varepsilon^{-1000t}$.

　　　t_0 から ∞ まで $i = \varepsilon^{9-10000t}$

── 図は省略 ──

(13)　$e = \dfrac{e}{\omega^2 LC-1}\left(\cos\omega_0 t - \cos\omega t\right)$　ただし，　$\omega_0 = \dfrac{1}{\sqrt{LC}}$

(14)　$t = \dfrac{L}{K}\dfrac{1}{a}i_0{}^a$

(15)　$i = \dfrac{E_m}{\sqrt{(R+r)^2+\omega^2 L^2}}\left\{\sin(\omega t-\varphi)+\dfrac{R}{\sqrt{r^2+\omega^2 L^2}}\sin(\omega t-\varphi-\theta)\right.$

　　　$\left.+\dfrac{R}{\sqrt{r^2+\omega^2 L^2}}\varepsilon^{-\frac{r}{L}t}\sin(\varphi+\theta)\right\}$

ただし，　$\varphi = \arctan\dfrac{\omega L}{R+r}$,　$\theta = \arctan\dfrac{\omega L}{r}$

索 引

英字

2階偏微分方程式	8
iの過渡値	11
p関数	15
t関数	15

ア行

アドミタンス関数	16
インピーダンス関数	15
演算子方程式	11
演算子法	10

カ行

過渡電流	15
完全解	6

サ行

全微分	3

タ行

展開定理の公式	14

ハ行

ヘビサイドの演算子	10
ヘビサイドの単位関数	10
ヘビサイドの展開定理	11
偏微分方程式	1
方向面素	1

d－book
偏微分方程式とその解き方

2000年4月13日　第1版第1刷発行

著　者　　田中久四郎
発行者　　田中久米四郎
発行所　　株式会社　電気書院
　　　　　（〒151-0063）
　　　　　東京都渋谷区富ケ谷二丁目2-17
　　　　　電話　03-3481-5101（代表）
　　　　　FAX　03-3481-5414
制　作　　久美株式会社
　　　　　（〒604-8214）
　　　　　京都市中京区新町通り錦小路上ル
　　　　　電話　075-251-7121（代表）
　　　　　FAX　075-251-7133

印刷所　創栄印刷株式会社
Ⓒ2000kyusiroTanaka　　　　　　　　Printed in Japan
ISBN4-485-42923-7　　　　　　　［乱丁・落丁本はお取り替えいたします］

〈日本複写権センター非委託出版物〉

　本書の無断複写は，著作権法上での例外を除き，禁じられています．
　本書は，日本複写権センターへ複写権の委託をしておりません．
　本書を複写される場合は，すでに日本複写権センターと包括契約をされている方も，電気書院京都支社（075-221-7881）複写係へご連絡いただき，当社の許諾を得て下さい．